JN144876

# 海辺の生きもの

カミラ・ド・ラ・ベドワイエール 著

訳出協力：Babel Corporation

六耀社

ACKNOWLEDGEMENTS
The publishers would like to thank Alan Harris, Bridgette James, Andrea Morandi and Mike Saunders, who contributed artwork used in this book

The publishers would also like to thank the following sources for the use of their photographs:
Cathy Miles 4(cl)
Shutterstock.com 4(tl) Sarah Pettegree, (cr) godrick,
(bl) Brian Maudsley, (br) David Hughes

All other images are from the Miles Kelly Archives

SPOT 50
Seashore
by Camilla de la Bedoyere

Japanese translation rights arranged with
Miles Kelly Publishing Ltd., Thaxted, Essex, England
through Tuttle-Mori Agency, Inc., Tokyo

# もくじ



それぞれの種を見つけたら、○のところにチェックを入れましょう。

# 海岸の生息場所

海岸は、海と陸が出あう場所です。さまざまなタイプの海岸がありますが、どの海岸にもたくさんの動物や植物がすんでいて、わくわくさせられます。

### 塩性湿地

毎日、または時おり、海辺の湿地はところどころ海水で満たされます。渉禽類やカモなどの猟鳥は、ここで、ひなにえさを食べさせて育てます。

### 河口域、干潟

潮が引くと、取りのこされた泥や砂の堆積物が、干潟とよばれる場所をつくりだします。河と海とが交わる場所には河口域ができます。

### 磯、潮だまり

潮が引くと、潮だまりは野生生物を見つけるぜっこうの場所になります。調べるのにもっとも適しているのは、海にいちばん近い潮だまりです。

### 砂浜、汀線

これらの場所は、いつも変化しています。風や海水がたえず砂を移動させるからです。汀線は、波がとどく砂浜のいちばん高い場所のことです。

### 砂利浜

さまざまな色の小石におおわれている砂利浜は、生きものが暮らしたり成長したりしにくい場所です。シーラベンダーのような植物が、かろうじて生きのびています。

### 砂丘

砂が集まって積み重なっていきやすい場所に、砂が風で運ばれると、砂丘ができます。乾燥した砂は風に吹かれて移動しやすく、砂丘の形や場所はたびたび変化します。

# 海辺の生きものの種類

イギリスの海岸には信じられないほどのさまざまな野生生物が生息していて、それには目を見はることでしょう。海藻からサメまで、いつもなにかしら目にとまるものがあります。この本では、その豊富な種類の動物や植物のなかで、読者のみなさんにも見つけられるものを紹介しています。

| | 説明 |
|---|---|
| 魚 | 海岸の近くにすむ魚はたいてい、潮だまりか浅瀬のなかで見つかりますが、ウバザメは例外で、海岸から見ることができます。 |
| 海藻 | 植物のような海藻は、引き潮のときには、浜辺や岩場にうち上げられて広がっていますが、水中では波の流れに合わせてゆれています。 |
| ヒトデ、ウニ、イソギンチャク | これらのめずらしい形の海の生きものは、よく潮だまりや岩石海岸で見つかります。ヒトデやイソギンチャクは、えさを生きたまましとめます。いっぽう、ウニはおもに藻類をえさにします。 |
| 軟体動物 | わたしたちの海岸には殻をもつ軟体動物がたくさんいます。満潮のあとには、抜け殻が汀線にそって点々と散らばっているので、さがしてみましょう。 |
| 植物 | 海浜植物は、変わりやすい気象条件を生きのびているたくましい生物です。たいていのものが、海水にひたるところや、風雨にさらされる環境のもとで生育しています。 |
| 甲殻類 | カニ、エビ、フジツボ、そのほかのこのグループの動物は、かたい外殻と分節した体、それに触角をもっています。 |
| 昆虫 | 海辺では、ミドリニワハンミョウやサトジガバチのような昆虫がぶんぶん羽音をたてたり、はいまわったり、飛んでいます。 |
| 鳥 | えさをさがすのに海岸はぜっこうの場所なので、鳥たちは、生息場所の周辺に群れをなしてやってきて、水中を歩いたり、泳いだり、飛びまわったりしています。 |

**海辺で安全にすごすために**

海辺は野生の生きものの宝庫です。けれども、きけんな場所にもなるので、いつも次のことに気をつけましょう。

- 海辺を探検するときは、おとなにそばにいてもらいましょう。
- 海のなかに取りのこされないように、満潮と干潮の時刻を調べましょう。
- 崖の先端や、ぬかるみ、大波に近づかないこと（とくに岩石海岸では）。
- 天気予報を調べ、その気候にあった服そうかどうかを確かめましょう（とくに、暑さや寒さ、風に備えましょう）。

**ものさし**

海岸で見つけたものを識別するのに役立つ、おとなの手のひらと身長のものさしです。

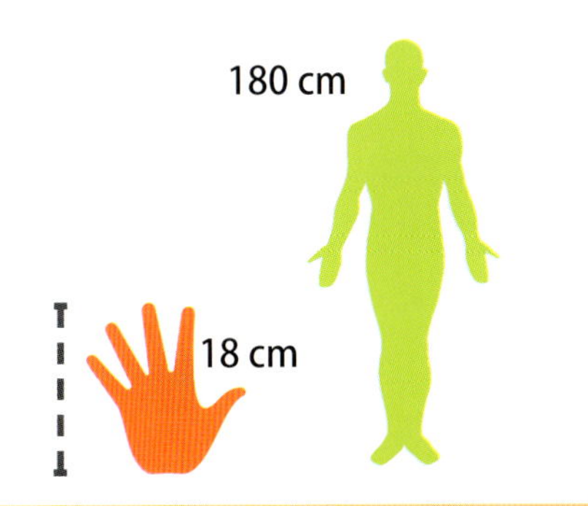

# ウバザメ

世界でもっとも大きな魚に数えられるウバザメですが、人間には無害です。大きな口をあんぐりとあけて泳ぎ、海水のなかのごく小さな生きものをこしとります。ほかの動物を積極的にえさにすることはありません。ほとんどの魚とはことなり、ウバザメは卵を産みません。そのかわり、体長 2m にもなる子どもを数頭産みます。

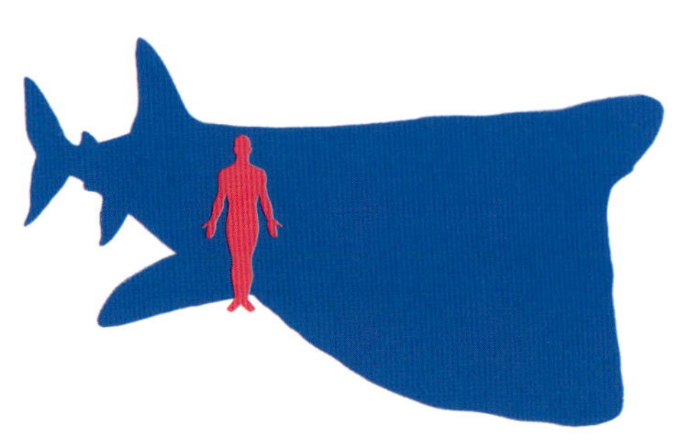

大きさくらべ

## 海辺の生きもののデータ

**学名** *Cetorhinus maximus*
**分類** 軟骨魚
**大きさ** 最大 10m
**生息場所** 外洋、いくつかの海岸
**別名** なし

ウバザメはゆっくり泳ぎますが、ジャンプして水面におどりでることができます。なぜ、そうした行動をとるのかはわかっていません。

# イカナゴ

小型で銀色の魚、イカナゴは、ふだんは群れになって海辺の浅瀬をすばやく泳いでいますが、少しでも危険を感じると、砂のなかにもぐりこみます。夏にはどの海辺でもよく見かけますが、寒い冬のあいだは砂のなかに深くもぐってしまいます。うろこが光を反射させてキラキラ光って見えますが、うろこのじっさいの色は黄緑色です。

大きさくらべ

**海辺の生きもののデータ**

**学名** *Ammodytes tobianus*
**分類** 硬骨魚
**大きさ** 最大 20cm
**生息場所** 浅瀬、水深 30m まで
**別名** サンドランス

この魚は春と秋に繁殖し、メス１匹が、最多で４万個の卵を産みます。

# マムシミシマ

泳いでいる人や魚釣りをしている人は、用心しないと、ときどきこの魚に刺されます。背部に毒針があり、敵から身をまもるためにそれを使うからです。毒針を動かしたり、つきたてたりして相手にひどい痛みをあたえます。マムシミシマは砂地の海底にひそみ、小さな魚が通りかかるのを待っています。えものを見るととび出し、いかにもどう猛そうな歯を使って大きな口のなかにえものを取りこみます。

大きさくらべ

**海辺の生きもののデータ**

**学名**　*Echiichthys vipera*
**分類**　硬骨魚
**大きさ**　最大 15cm
**生息場所**　砂浜、深海
**別名**　ウィーバーフィッシュ

マムシミシマは泳ぎがうまくありません。海底から 50cm のところをかろうじて泳いでいます。

# イワハゼ

小柄で、がっしりした体つきのイワハゼは、丸みをおびた頭部と飾りのついたひれに特徴があります。磯の周辺にはどこでもいて、海藻のあいだや石の下、潮だまりなどで見つかります。腹部のひれがひとつに結合して吸盤になり、波におされても流されないようにしっかりと岩にくっつきます。えさとして、蠕虫、甲殻類、小魚を食べます。

大きさくらべ

オスが卵を世話します。この大切な仕事をするとき、オスの体は黒色に変わります。

**海辺の生きもののデータ**

**学名** *Gobius paganellus*
**分類** 硬骨魚
**大きさ** 最大 12cm
**生息場所** 水深 15m までの磯
**別名** なし

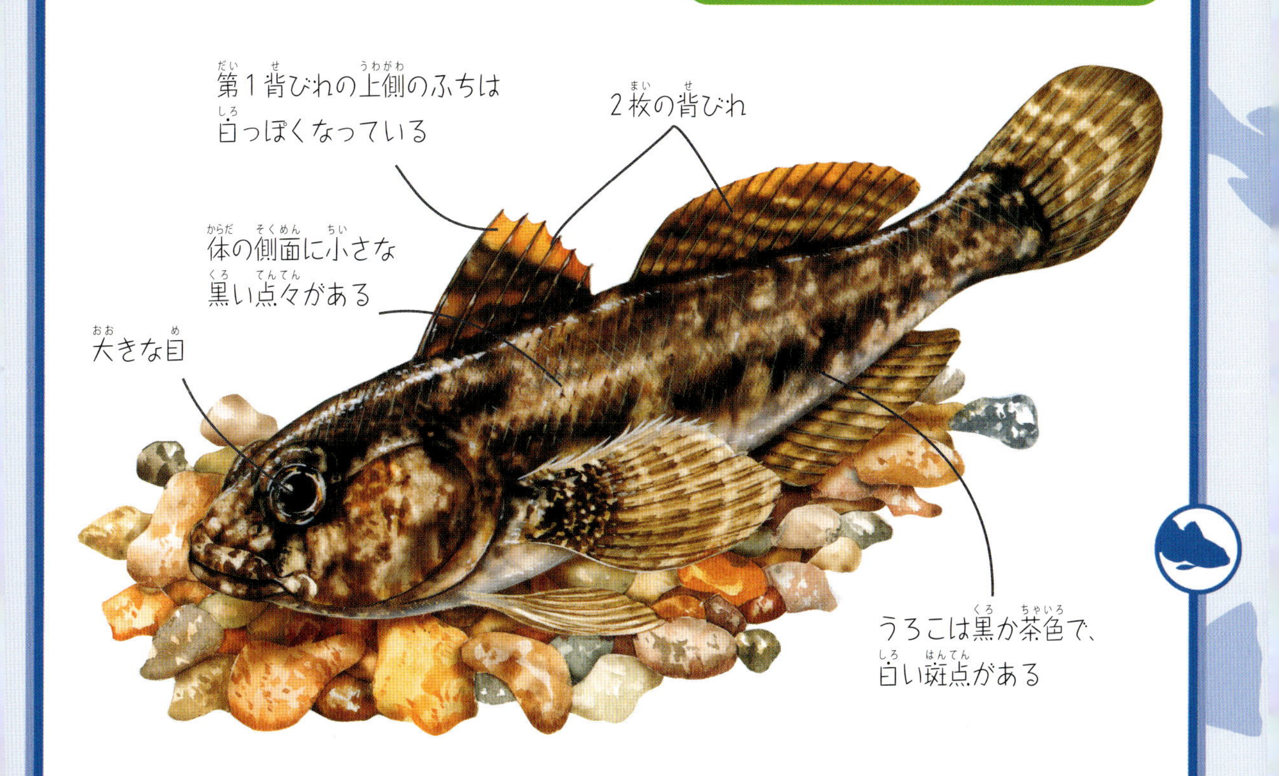

# ニシイソギンポ

どこにでもすむ魚で、とくに潮だまりには多くいるのですが、見つけだすのはかんたんではありません。カムフラージュがとてもうまいのです。色調のちがうウグイス色に黒い斑点のあるぬるぬるした皮ふのおかげで、海藻や泥や石のあいだに身をかくすことができます。えさはさまざまで、フジツボやそのほかの海辺の小さな生きものはもちろん、海藻もがつがつ食べます。冬になると、潮だまりから出て浅瀬に移り、冬の嵐の影響を少しでもさけようとします。

大きさくらべ

### 海辺の生きもののデータ

学名　*Lipophrys pholis*
分類　硬骨魚
大きさ　最大 16cm
生息場所　潮だまり、藻場、石が多い海岸
別名　クシノハ

ニシイソギンポはじょうぶなひれを使って岩の下をゆっくり動き、腹をすかせた鳥たちがそばにくると、姿を消します。

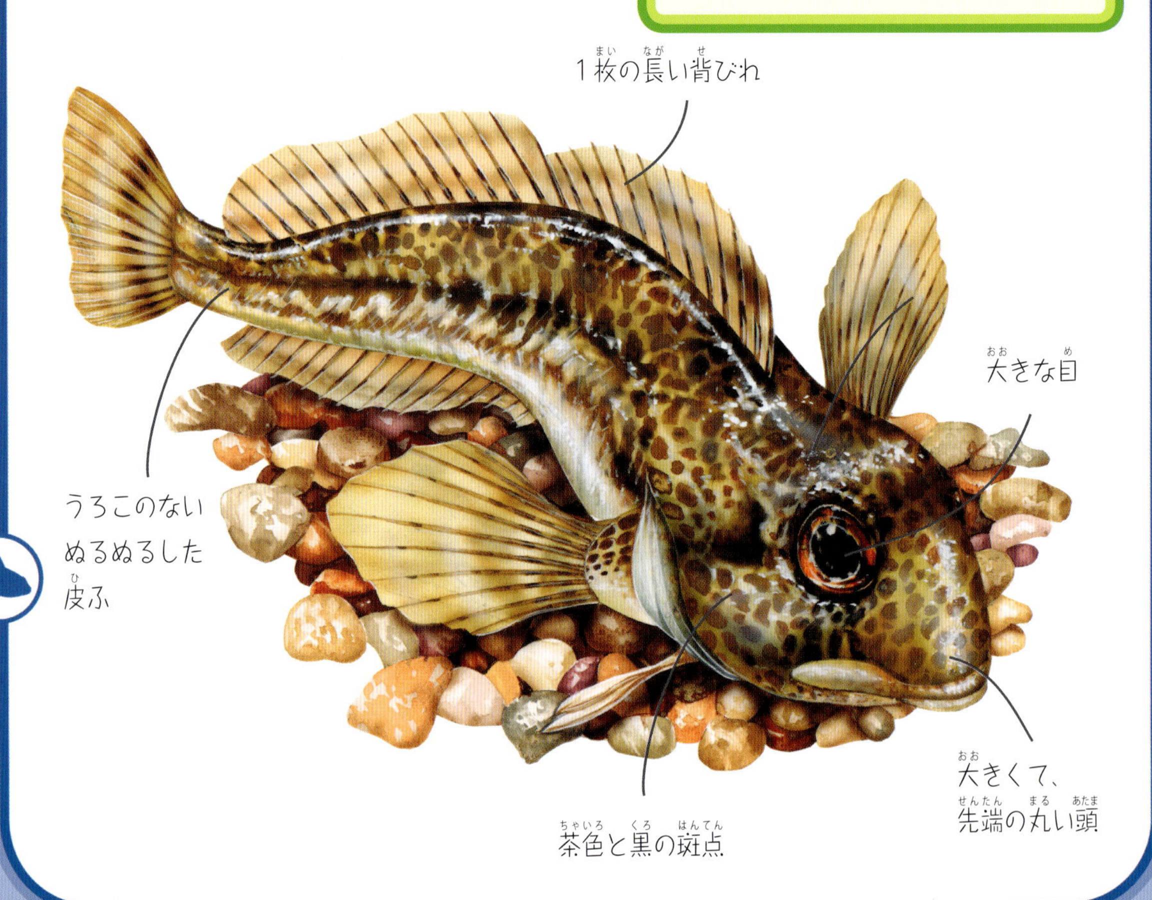

# ブラダーラック

磯でよく見られる海藻で、見分けるのもたやすいです。潮が引いたあとには、ぬるぬるしたブラダーラックが、岩や小石の上にうち上げられて広がっています。葉状体は、２つひと組になった丸い浮きぶくろでおおわれているので、水に浮きやすくなっています。このため、ブラダーラックは日光を浴びて成長することができるのです。大波を受けて浮きぶくろがなくなっていることもあります。

大きさくらべ

## 海辺の生きもののデータ

**学名** *Fucus vesiculosus*
**分類** 褐藻類
**大きさ** 50~200cm
**生育場所** 磯、とくに中水位の海岸、河口
**別名** イワカイソウ

ブラダーラックの葉状体の先端は色がうすくなっていることが多く、丸くふくらんだ部分でおおわれていますが、この部分は繁殖に使われます。

# ダルス

よく目にするこの海藻は食用になります。長くて皮のような葉状体は、年を経るにしたがって幅広でかたくなります。葉状体の先端は平たい裂片に分かれていて、ふつうはほかの部分より色がうすくなっています。ダルスは、干潮の磯や浅瀬で見つけることができます。長くて細い裂片は強い波にさらされていたことを示しています。

大きさくらべ

## 海辺の生きもののデータ

| | |
|---|---|
| 学名 | *Palmaria palmata* |
| 分類 | 紅藻類 |
| 大きさ | 20~50cm |
| 生息場所 | 低水位の海岸、とくに磯 |
| 別名 | ディルスク |

ダルスは乾燥させたり、生のままで、よく料理に使われます。アカヌノという海藻は、見ためはダルスに似ていますが、おいしくありません。

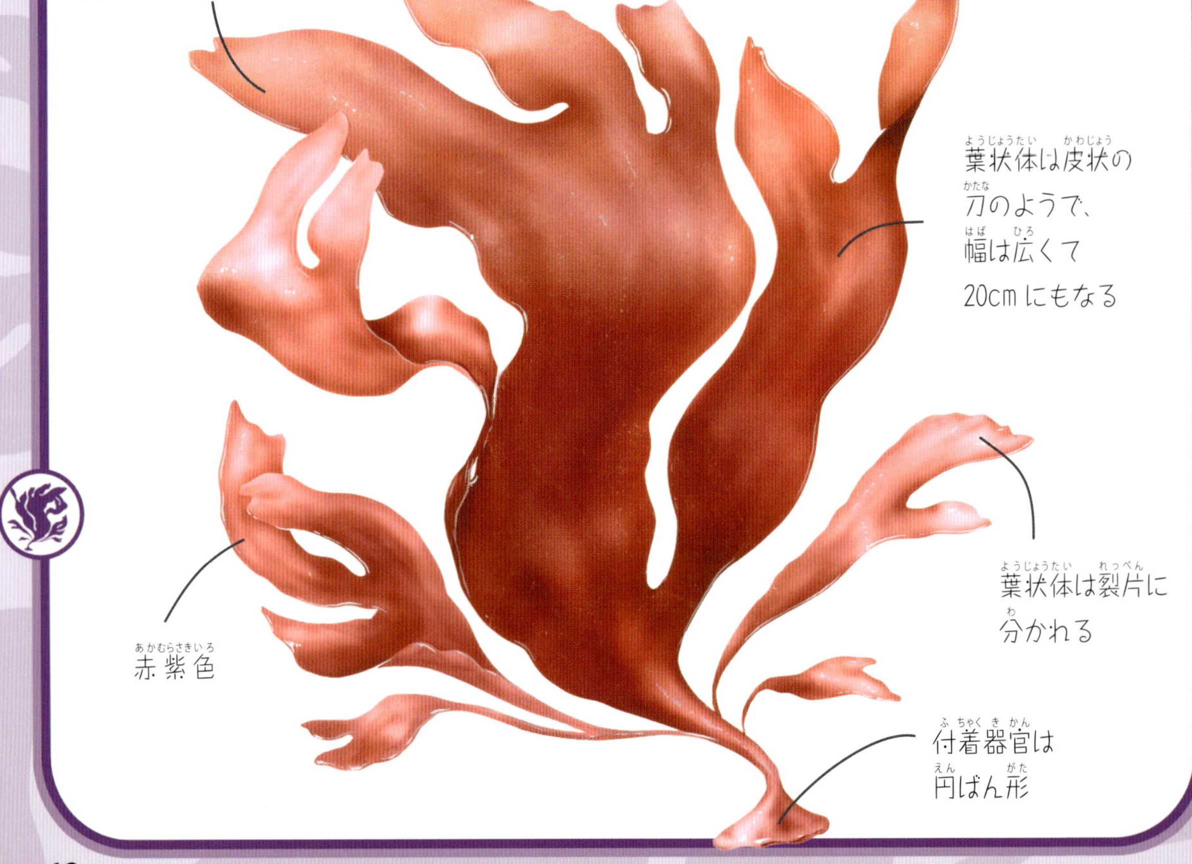

# アスコフィルムノドスム

**岩石海岸でよく見つかるアスコフィルムノドスムは、細長い葉状体についている2種類のこぶで見分けがつきます。大きなだ円形のこぶは浮きぶくろで、なかには空気がつまっています。これらのおかげで、葉状体は波に浮かんで日を浴びることができるのです。色がうすい小さなこぶは藻の繁殖を助けます。大波や強風にさらされるような海岸に、この海藻が育つことはほとんどありません。**

大きさくらべ

## 海辺の生きもののデータ

| | |
|---|---|
| 学名 | *Ascophyllum nodosum* |
| 分類 | 褐藻類 |
| 大きさ | 30~200cm |
| 生育場所 | 岩が多い中水位や高水位の海岸 |
| 別名 | タマゴカイソウ |

アスコフィルムノドスムは、よく房状の紅藻イトグサのしげみにおおわれます。イトグサが成長すると、この海藻はだめになります。

オリーブグリーン色のうすい葉状体

黄緑色の小さなふくらみ

だ円形の大きな浮きぶくろ

紅藻のしげみ

柄は付着根の近くでは断面が丸いが、それより上のほうでは平たい

主茎は2つにえだ分かれしている

# コンブ

じょうぶな海藻で、強い波や風にみまわれる海岸地域でよく生きぬきます。この植物には根がありませんが、しっかりした付着器官があり、海底や岩にくっついています。ぶ厚くて光沢のある葉状体と、断面の丸い茎は折れることなく自由にまがります。こうした藻類は海岸に小さな生きものが安全に生息できる場所を提供します。

大きさくらべ

**海辺の生きもののデータ**

**学名** *Laminaria digitata*
**分類** 褐藻類
**大きさ** 最大 200cm
**生育場所** 低水位の海岸や、水深6mまでの岩の上
**別名** ラミネリア

コンブはケルプとよばれる海藻のなかまです。水中のケルプの森は、海の生きものにとって安全に過ごせる最高の場所です。

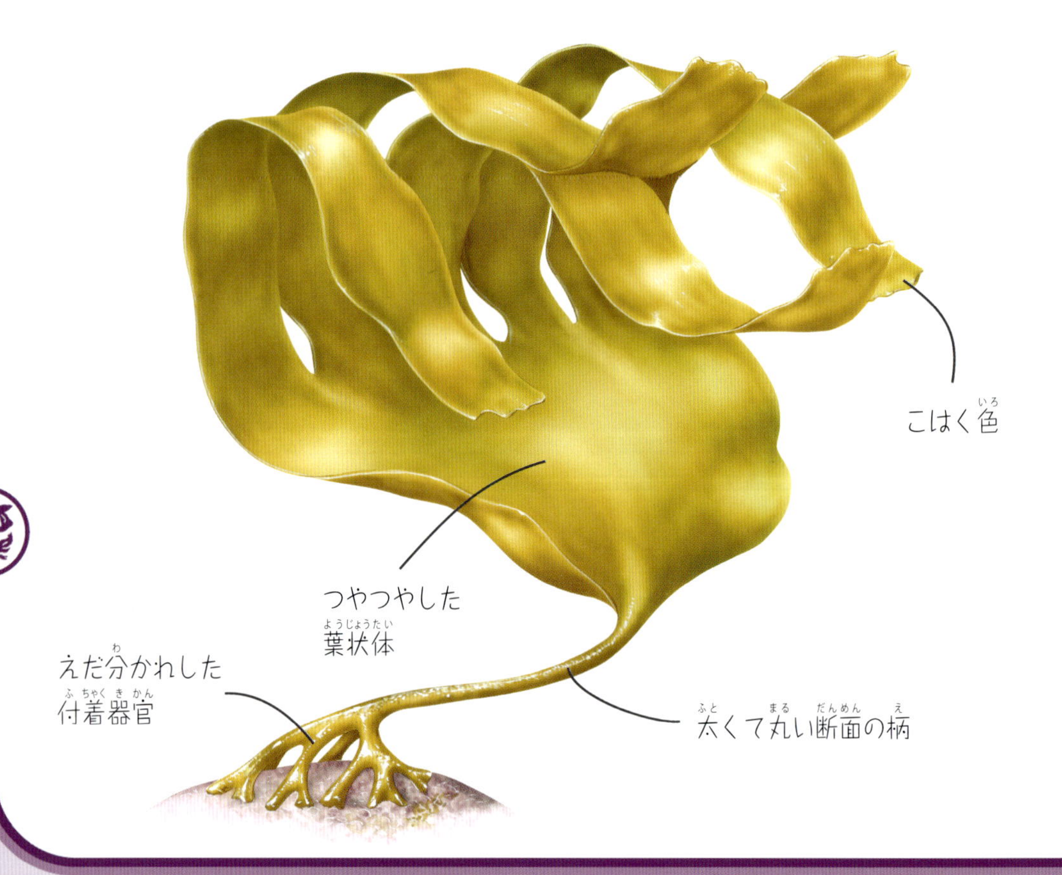

# オオバアオサ

**薄**緑色のせんさいな葉状体の姿から、海のレタス（シーレタス）という英語名がついています。この海藻は、海岸のいちばん高い位置にある岩や石に付着して成長します。また河口や内陸に入りこんだ海水の浅瀬でも育ちます。食用に採取されることもあり、スープの実などに使われます。

大きさくらべ

### 海辺の生きもののデータ

**学名**　*Ulva lactuca*
**分類**　緑藻類
**大きさ**　15~40cm
**生育場所**　磯、河口、潮だまり
**別名**　なし

オスとメスの株があり、葉状体の端（ふち）がうすい緑色をしているのがオスで、濃い緑色がメスです。

# ウメボシイソギンチャク

イソギンチャクはサンゴ礁をつくる小さな動物、サンゴポリプのなかまです。軟体動物で、触手をつき刺して捕食者から身をまもります。イソギンチャク自身もこの触手を使って、ただよって通り過ぎる生きものを殺して食べます。水のなかにいるときは触手を広げていますが、攻撃されたり潮が引いたりしたときは急いで引っこめてしまいます。

大きさくらべ

イソギンチャクを見つけるのにいちばんよい場所は、潮だまりです。そこではタマキビガイ、カサガイ、小さいニシイソギンポのような生きものも見つかります。

**海辺の生きもののデータ**

学名　*Actinia equina*
分類　刺胞動物
大きさ　丈は最大で 7cm
生息場所　潮だまり、水深 20m までの磯
別名　紅海イソギンチャク

# トゲクモヒトデ

通常、このめずらしい動物は大きな群れをつくって、岩の下や海藻のしげみのなかで暮らしています。干潮のときに大きな石の下やわれ目やすきまをさがすと、敵から姿をかくしてひそんでいるトゲクモヒトデを見つけることができるでしょう。とてもせんさいな動物なのでさわってはいけません。とげで体がおおわれていて、しかも傷つきやすいからです。

大きさくらべ

トゲクモヒトデは、岸から離れたところで、1㎡に最大で2000匹も生息しています。ふしぎな姿をしたこの生きものが、嵐のあと、海岸にうち上げられていることがあります。

## 海辺の生きもののデータ

**学名** *Ophiothrix fragilis*
**分類** 棘皮動物
**大きさ** 幅 15~22cm
**生息場所** 水深 150m までの低水位の海岸
**別名** 普通種トゲクモヒトデ

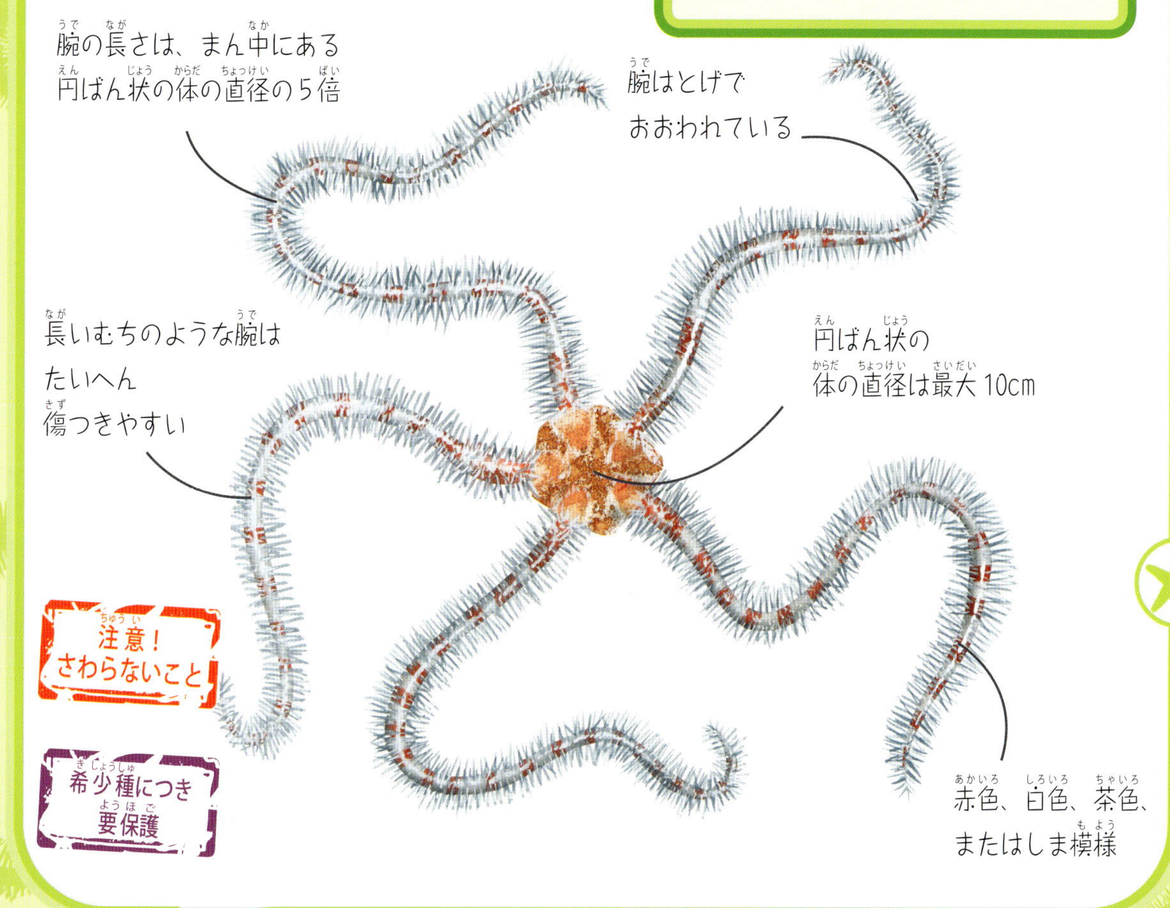

# ヨーロッパオオウニ

するどいとげが外殻をおおっているので、ウニにさわると傷ついて痛みを感じることがあります。ウニは海底を移動しながら、その強力な口器を使い、海藻や海の小さな生きものをすりつぶすようにして食べます。海岸には、死んだウニの、貝殻のような外殻（外骨格）がときどきうち上げられています。

ウニの殻は、チョーク、ねり歯みがき、卵の殻にもふくまれる炭酸カルシウムでできています。

## 海辺の生きもののデータ

学名　*Echinus esculentus*
分類　棘皮動物
大きさ　最大幅 10cm
生息場所　低水位の海岸、潮だまり、水深 50m まで
別名　なし

# ミドリウニ

**かたい外皮、つまり殻のおかげで、ミドリウニは岩の多い海岸に寄せる荒波にたえることができます。殻のまわりを包んでいる太くて短いとげが、さらにまもりをかためています。このウニが緑色なのは、海藻のあいだにかくれて身をまもるためなのでしょう。ミドリウニは、たいてい人目をさけて石や岩のかげで行動します。**

大きさくらべ

**海辺の生きもののデータ**

**学名**　*Psammechinus miliaris*
**分類**　棘皮動物
**大きさ**　最大幅 5.5cm
**生息場所**　砂浜、砂利浜、磯
**別名**　海岸ウニ

とげだらけのこの生物はヨーロッパオオウニの親せきです。先端が紫色で全体が緑色のとげをもつこのウニは、磯で見つけることができます。

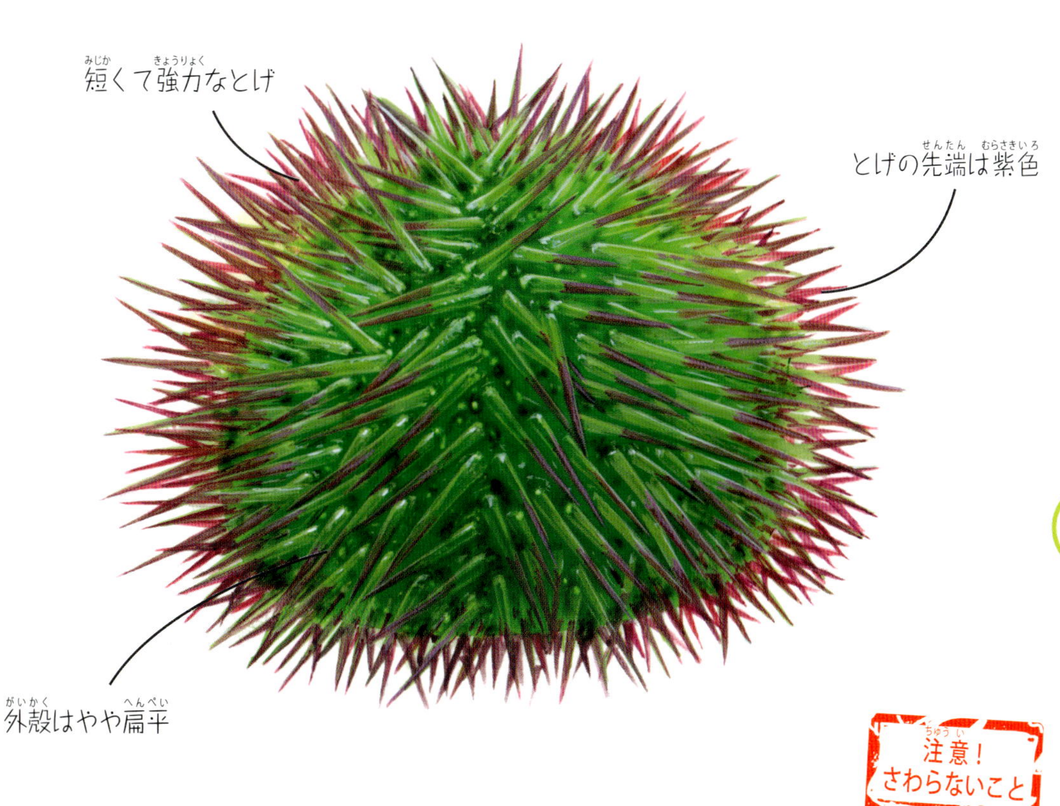

短くて強力なとげ

とげの先端は紫色

外殻はやや扁平

注意！
さわらないこと

# ヒトデ

広い範囲に分布し、とてもよく知られたこの生きものは、干潮のときの砂浜や砂利浜、岩石海岸、それに潮だまりで見つかります。ふだんはよく、えさにするイガイやフジツボの近くにいます。ヒトデは嗅覚を使って軟体動物を見つけ、腕の裏にある吸盤を使ってえものの殻をひらいて食べます。なかには10年も生きるものがいて、よく群れをなしています。

大きさくらべ

## 海辺の生きもののデータ

| | |
|---|---|
| 学名 | *Asterias rubens* |
| 分類 | 棘皮動物 |
| 大きさ | 平均 15cm、最大 50cm |
| 生息場所 | 水深 200m までの低水位の海岸 |
| 別名 | 普通種ヒトデ |

ときどき、大潮にあって浜にうち上げられるヒトデがいますが、そうなるとふたたび海にもどることはできないらしく、死んでしまいます。

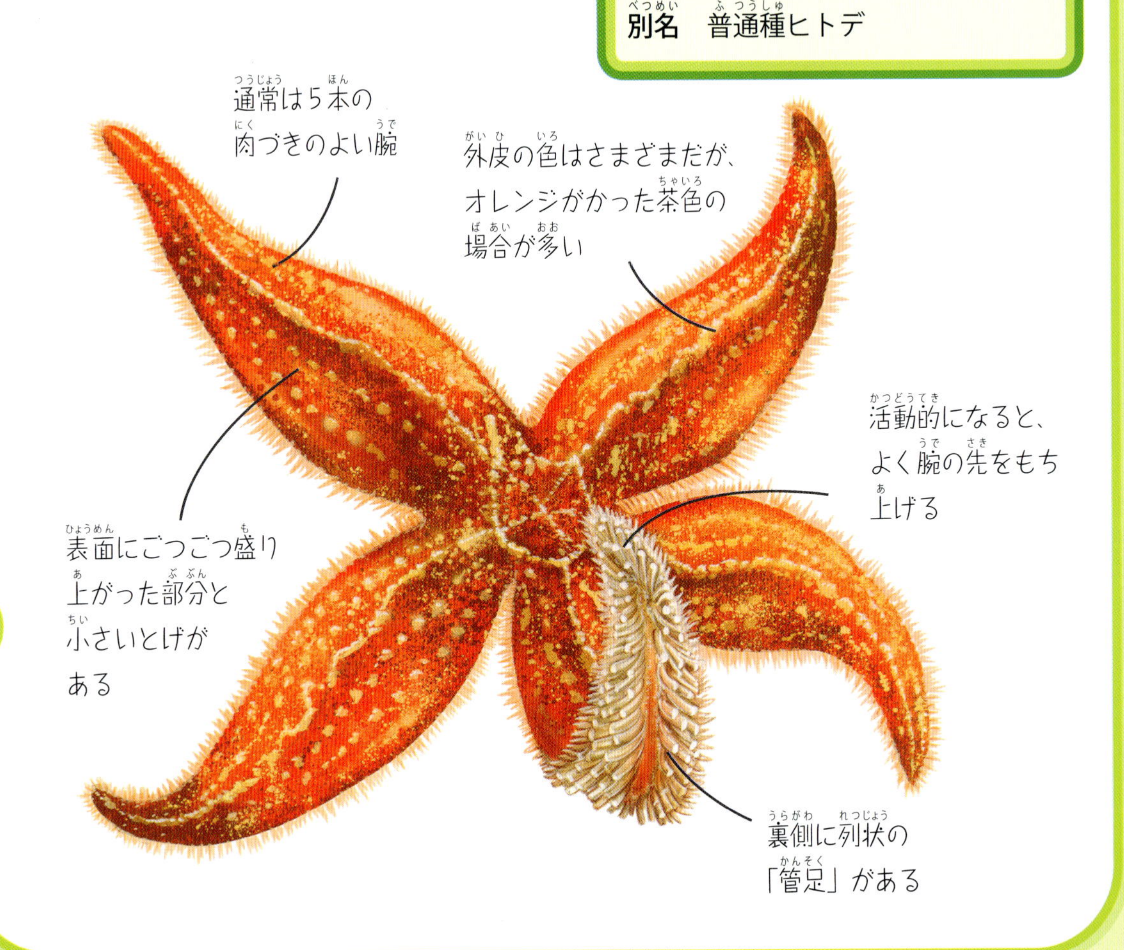

# ヨーロッパザルガイ

生きているザルガイを海辺で見つけることはまれですが、その貝殻はすぐに見つかります。この貝は干潮などで空気にさらされるときは、かたくしまった2枚の貝殻のなかで過ごします。水面下にいるときは、殻をひらき、海水のなかから小さなえさをとって食べます。寿命は3年くらいのものがほとんどで、ミヤコドリのような海鳥のえさになってしまうのです。

大きさくらべ

## 海辺の生きもののデータ

学名　*Cerastoderma edule*
分類　双殻類
大きさ　直径は最大 5cm
生息場所　泥や砂の低水位の海岸、河口
別名　食用ザルガイ

ザルガイの貝殻が海辺にうち上げられていることがよくあります。大きさは年齢によってさまざまです。

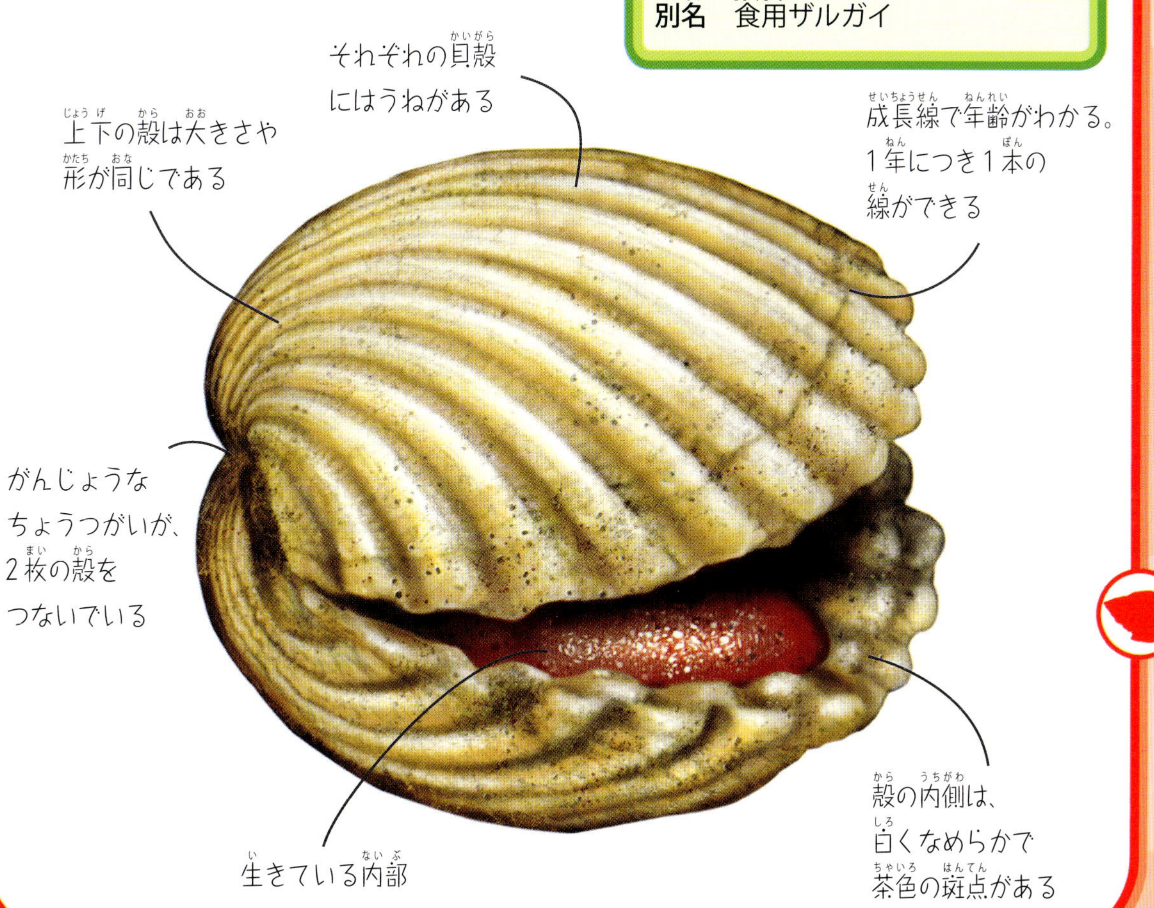

# セイヨウカサガイ

カサガイは庭にいるナメクジやカタツムリと同じなかまです。磯で見つかりますが、岩や石にしっかりと付着しているので、岩や石の表面にはそのこすったあとが残っています。カサガイは円すい状の一枚貝にまもられていて、大波にたえられます。高水位の海岸にすんでいる貝は、たいてい低水位の海岸にすむ貝より丈の高い殻をもっています。

大きさくらべ

**海辺の生きもののデータ**

| | |
|---|---|
| 学名 | *Patella vulgata* |
| 分類 | 腹足類 |
| 大きさ | 幅 5~7cm |
| 生息場所 | 中水位または高水位の海岸や河口の岩 |
| 別名 | なし |

カサガイは草食動物で、えさにする藻類をもとめて岩場を動きまわります。食べながら、砂のなかに通ったあとを残すことがあるかもしれません。

# ヨーロッパイガイ

ザルガイと同様に、ヨーロッパイガイも双殻類です。この生物は合わさった2枚の殻のなかにすんでいます。岩の表面に付着し、水面下でえさを食べるときには殻をひらきます。おおぜいのなかまといっしょにいるイガイの姿をよく見かけますが、そうした場所をイガイ密集層といいます。海鳥やチヂミボラ、ヒトデ、ウニは、このイガイをえさにします。人間もイガイを食べます。

大きさくらべ

干潮になると、イガイ密集層は空気にさらされます。潮が満ちると、イガイはえさを食べるためにふたたび殻をひらきます。

**海辺の生きもののデータ**

**学名**　*Mytilus edulis*
**分類**　双殻類
**大きさ**　殻の長さは最大で 10cm
**生息場所**　磯、密集層、河口
**別名**　食用イガイ

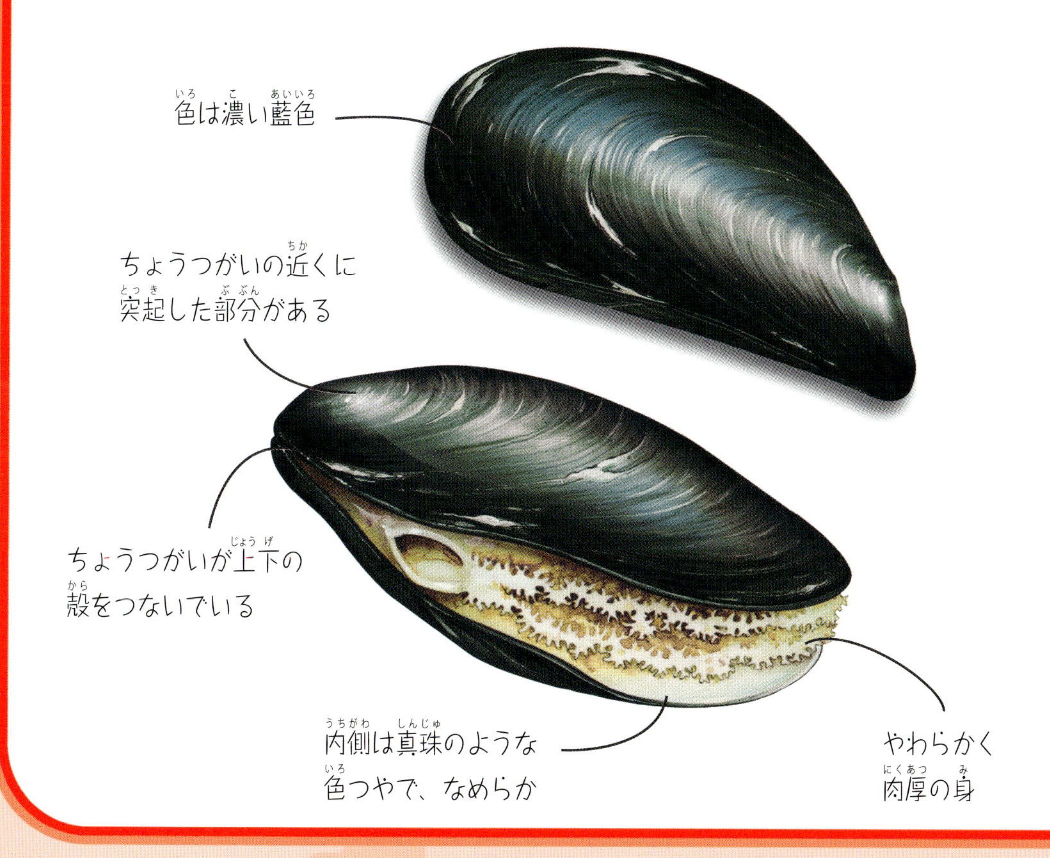

# ヨーロッパタマキビガイ

この軟体動物は磯に生息していて、大波をかぶってもやりすごすことができます。殻の口をしめるふたがあるので、長いあいだ、海水がなくても乾燥にたえることができるのです。子どものタマキビガイはこげ茶色ですが、年齢とともに色がうすくなっていきます。海中にある食べ物の小片やアオサのような海藻を食べます。

大きさくらべ

### 海辺の生きもののデータ

**学名**　*Littorina littorea*
**分類**　腹足類
**大きさ**　殻の高さは 2~3cm
**生息場所**　磯の石の上や海藻のあいだ、河口
**別名**　食用タマキビガイ

タマキビガイはたくさんの群れをつくって生育することがよくあります。岩にそって移動し、海藻をそぎ落として食べます。

# ヨーロッパチヂミボラ

この小さな肉食動物はヒメリンゴマイマイと親せきどうしですが、チヂミボラは草を食べないところがちがっています。そのかわりにフジツボやイガイのような小さな生きものをとらえて食べます。内側のやわらかい肉をとるために相手の殻をつき破るのです。チヂミボラの貝殻はよく海辺にうち上げられています。

大きさくらべ

## 海辺の生きもののデータ

**学名**　*Nucella lapillus*
**分類**　腹足類
**大きさ**　殻の長さは最大で 3cm
**生息場所**　磯、とくに中水位の海岸
**別名**　大西洋チヂミボラ

チヂミボラは、春のあいだにとても多くの卵を岩の上に産みつけます。この軟体動物は最長で7年も生きます。

# セイヨウエビス

セイヨウエビスの殻には、たいてい色や模様がついています。色つきのしまやまだらの模様のものが多いなか、ほとんど白色のものもあります。殻の内側は真珠のような色つやですべすべしていて、殻の口はふたでまもられているので、引き潮になっても大丈夫です。セイヨウエビスを発見できるのは、だいたい海藻の付着器官のあいだで、そこで藻を食べているのです。

大きさくらべ

### 海辺の生きもののデータ

学名　*Calliostoma zizyphinum*
分類　腹足類
大きさ　殻の高さは最大 3cm
生息場所　磯、とくに低水位の海岸の海藻と海藻のあいだ
別名　なし

セイヨウエビスは、あざやかでかがやいてみえます。なぜかというと、この動物はあしを使って、殻の表面をふいてきれいにしているからです。

# マテガイモドキ

長くてほっそりしたマテガイモドキの貝殻は、よく海岸にうち上げられています。嵐のあとはとくに目につきます。うち上げられた貝は一枚貝になったものが多いのですが、つながったままの二枚貝も見られます。一度は殻のなかにすみ、砂のなかへ深くもぐりこんだ、軟体動物の気配はほとんど残っていません。この貝は極小の動物や、海水のなかにすむ植物を常食としています。

大きさくらべ

**海辺の生きもののデータ**

**学名** *Ensis ensis*
**分類** 双殻類
**大きさ** 殻の長さは最大 12.5cm
**生息場所** 砂浜
**別名** カミソリガイ

マテガイモドキは3歳になってはじめて繁殖しますが、約10年は生きます。

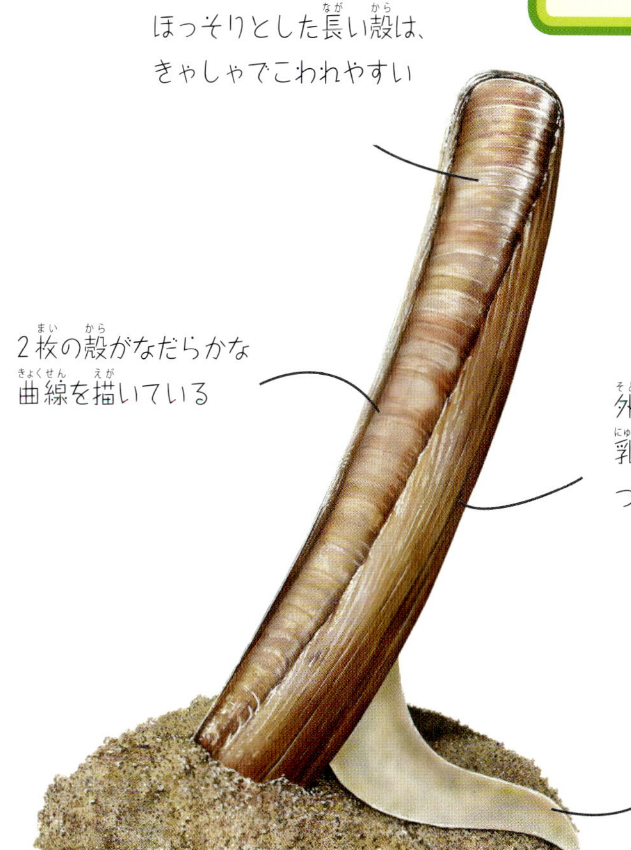

# アッケシソウ

**海**岸のそばに生育するこの植物は、しょっちゅう根のまわりまで海水にひたっています。アッケシソウのような塩分を好む植物だけが、こうした環境にたえられるのです。これらの植物の葉は、たいてい小さくて成長すると、肉厚でみずみずしい茎のようなものになりますが、新鮮な水をたくわえるには好都合なのです。小さいサボテンのように見えるアッケシソウは、河口や海水のある場所で見つかります。

大きさくらべ

秋になると、さまざまな種類のアッケシソウが紅葉します。赤に変わるものもあれば、パープルピンク、赤橙色、黄色のそれぞれに変化します。

## 海辺の生きもののデータ

**学名**　*Salicornia europaea*
**分類**　塩生植物
**大きさ**　最大 30cm
**生育場所**　干潟、河口、塩性湿地
**別名**　サンゴソウ

8月から9月まで
小さな花が咲く

ふくらんだ節は水分を
たっぷりたくわえている

小さい、
うろこのような葉

まっすぐな茎が
上方にのびている

春と夏には、
茎は若草色をしている

# マーラムソウ

マーラムソウは、世界中いたるところの砂浜にはえています。つんつんと先端のとがった若芽や葉っぱのしげみは砂丘をかため、砂が風に吹きとばされるのを防ぐ役目をはたします。この植物が、乾燥した砂地の生育場所で生き残れる理由は、葉の表面をろうのような物質がおおっていて、水分が逃げるのを少なくしているからです。

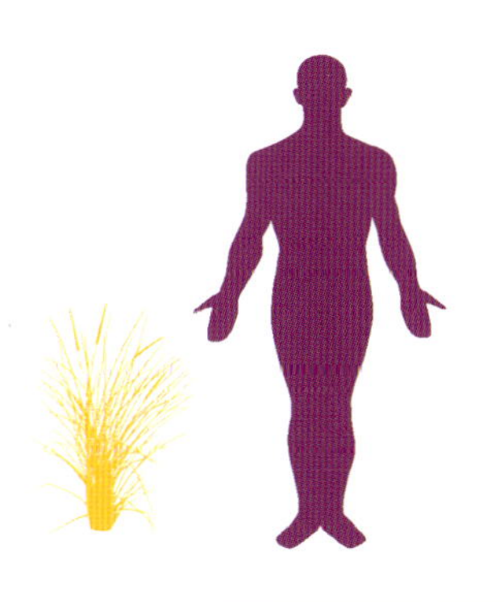

大きさくらべ

## 海辺の生きもののデータ

**学名**　*Ammophila arenaria*
**分類**　イネ科
**大きさ**　最大で 120cm
**生育場所**　砂丘
**別名**　ビーチグラス

マーラムソウのしげみは砂丘を支えるだけでなく、たくさんの昆虫、動物、植物が安全に暮らせる場所になります。

葉は、とがっていてするどい

ほっそりとした、くすんだ色の花が5月から8月まで咲く

葉はろう質のものでおおわれている

細長い葉っぱと新芽が、しげみのなかで成長する

# アカバナルリハコベ

このおだやかな美しい植物は、庭、農地、公園のどこでも見られるばかりか、砂丘や海岸の石だらけの区域にも育ちます。小さな赤色の花は、太陽があたる時間にしか咲きません。丈は高くなりませんが、地面をはうように成長して緑の茎や葉っぱが地面をおおいます。春や夏には、花に引きつけられて昆虫がやってきます。

大きさくらべ

「湿原のルリハコベ」（bog pimpernel）は同じ種の植物です。小さいピンクの花をつけ、沼地、砂丘、荒地に育ちます。

**海辺の生きもののデータ**

| | |
|---|---|
| 学名 | *Anagallis arvensis* |
| 分類 | サクラソウ科 |
| 高さ | 最長 20cm |
| 生育場所 | 農地、草原、砂丘 |
| 別名 | アカハコベ |

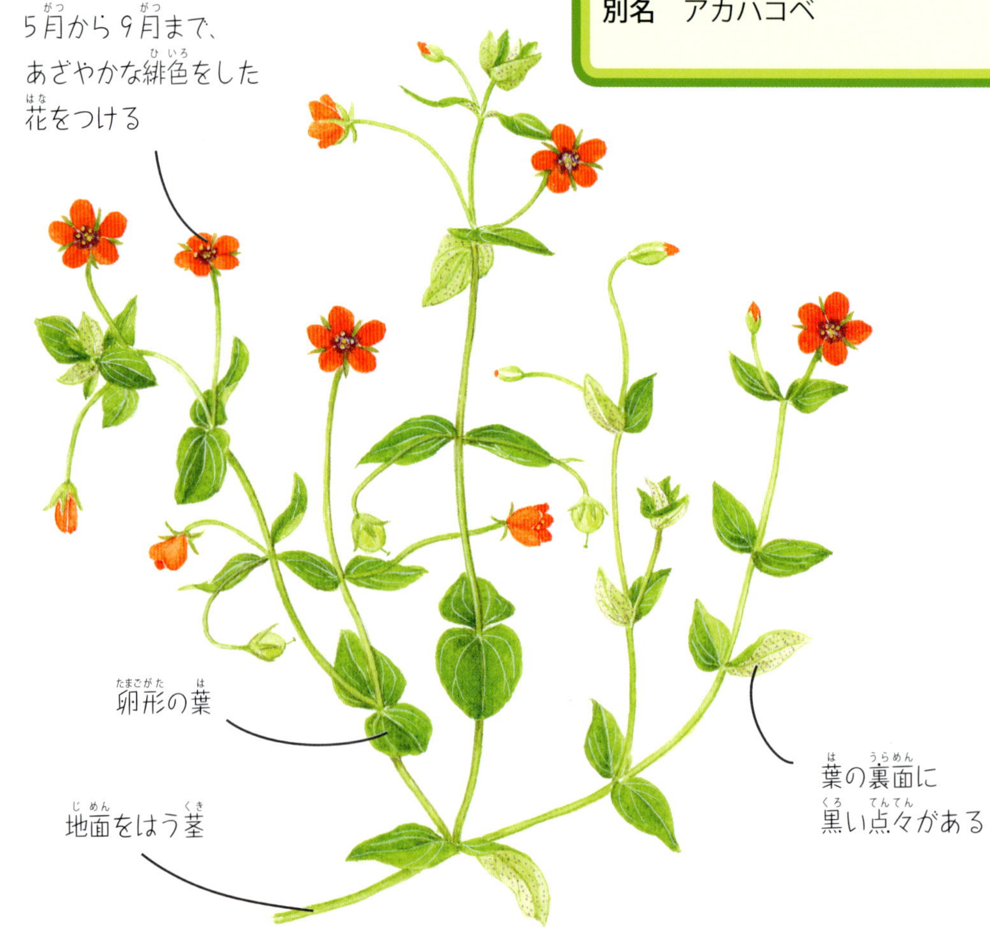

# ハマナ

ハマナをいちばんよく見かけるのは砂利浜ですが、高水位の海岸の乾いた砂のある区域でも生育できます。肉厚の葉には保水性があり、表面は水分の蒸発をコントロールするろう質の被膜でおおわれています。ハマナは根づいてから5年以内に花がつくことはまれです。かつてはこの植物を蒸して食べたものですが、いまではめったに見かけない植物になっているので、決して摘まないでください。

大きさくらべ

花が終わると、種の入っているさやはゆっくりと大きくなります。さやが乾ききると、最大1万個にもなる種を放ちます。

## 海辺の生きもののデータ

**学名** *Crambe maritima*
**分類** キャベツ科
**大きさ** 直径は最大で 100cm
**生育場所** 高水位の砂丘、砂利浜、小石が多い海岸、崖
**別名** セイヨウアブラナ

緑色または紫色の大きくて肉厚の葉

葉はろう質でおおわれている

6月から8月まで白い花が密集して咲く

ドーム状に成長する

希少種につき要保護

# ハマエンドウ

かわいらしいハマエンドウは、かわいた砂利浜を明るくします。せんさいな葉っぱや巻きひげが群生して、なかには 2m 幅にまで成長するものもあります。ハマエンドウは 3 回目の夏を迎える前に、花をつけることがめったにありません。まめの形をした種は海水に運ばれて新しい場所に根づいて、最長で 5 年後に発芽します。

大きさくらべ

## 海辺の生きもののデータ

**学名**　*Lathyrus japonicus*
**分類**　マメ科
**大きさ**　最大で高さ 20cm
**生育場所**　高水位の海岸のかわいた砂利浜、砂の土手
**別名**　ハマノマメ

口吻が長いハチは、この花に引きつけられて受粉をおこないます。また、どのハトもこの植物の豆粒大の種を食べます。

希少種につき
要保護

# ヨウシュツルキンバイ

**このほふく植物は、草でおおわれた地域や、砂浜や砂利海岸などの土がむきだしの土地に育ちます。湿気のある気候のときによく育ちますが、日照りの時期にも枯れません。葉はやわらかく、いくつもの対の小葉に分かれていて、全体がこまかい毛に包まれています。ほふく茎とよばれる茎が、葉と花のあいだをはっています。**

大きさくらべ

## 海辺の生きもののデータ

**学名** *Potentilla anserina*
**分類** バラ科
**高さ** 5~20cm
**生育場所** 崖、高水位の砂利浜、砂浜
**別名** キジムシロ

くもりの日や夜には葉をとじて、晴れた日にはひらきます。

# ハマカンザシ

ハマカンザシは乾燥した場所を好むので、高水位の海岸や崖に育ちます。4月から10月まで、地面を厚く敷きつめたようにはえた葉っぱの上に綿菓子のようなピンク色の頭花をつけます。この愛らしい植物はまるいクッションのようなしげみになり、花が枯れても葉はそのまま残ります。月日がたつと、頭状花は白っぽくかさかさして紙のようになります。

大きさくらべ

### 海辺の生きもののデータ

**学名**　*Armeria maritima*
**分類**　ハマカンザシ属
**大きさ**　最大で高さ20cm
**生育場所**　岩石の多い場所、崖
**別名**　アルメリア

ハマカンザシの花はほとんどピンク色ですが、まれに白色や赤色のこともあります。崖の上によく育ちますが、一般向けの園芸植物でもあります。

# ヨーロッパホンヤドカリ

海辺でよく見かけるこの生物は、カニよりもエビに近い関係にあります。ヤドカリの外皮はとてもやわらかいので、からの貝殻をすみかにして、厳重に身をまもります。ヤドカリの体は貝殻のなかにうまくおさまるように、まげられるのです。より広くて良い貝殻を見つけると、すぐさま、すみかえてしまうこともあります。こうした甲殻類は、えさにする腐肉（動物の死肉）をさがして海辺をうろうろしています。

大きさくらべ

**海辺の生きもののデータ**

| | |
|---|---|
| 学名 | *Pagurus bernhardus* |
| 分類 | 十脚甲殻類 |
| 大きさ | 全長 2~6cm |
| 生息場所 | 浅瀬、潮だまり、磯、砂浜海岸 |
| 別名 | ヘイタイガニ |

ヤドカリの殻にたよって生活している植物や動物もいるようです。フジツボとイソギンチャクは常連のヒッチハイカーです。

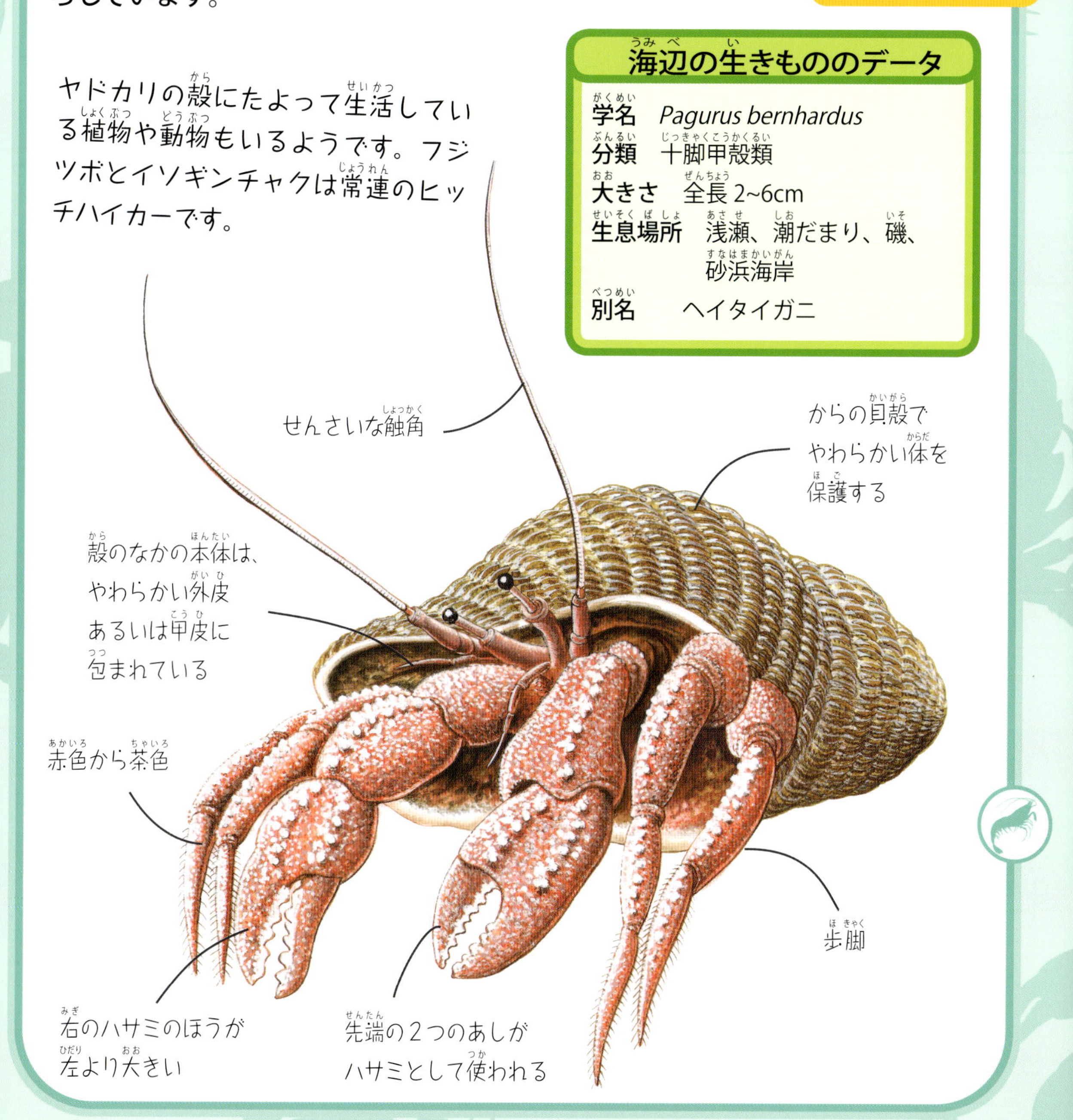

# 北方系フジツボ

生きているフジツボを目にすることはめったにありませんが、その体を保護しているがんじょうな殻を見つけることはたやすいです。フジツボは海辺の多くの岩をびっしりおおうばかりか、軟体動物の殻の上にさえ、すみついて成長するのです。潮が引くとふたをとじ、潮が満ちて海水のなかにしずむと、またふたをあけて、その小さい体から羽根のようなてあしをつき出して、海中にただよっている食べ物のつぶを食べます。

大きさくらべ

**海辺の生きもののデータ**

| | |
|---|---|
| 学名 | *Semibalanus balanoides* |
| 分類 | 蔓脚類 |
| 大きさ | 最大幅 15mm |
| 生息場所 | 中水位から高水位の岩石海岸 |
| 別名 | なし |

フジツボが死んでしまって、殻のなかがあくと、貝殻についていた上ぶたはなくなってしまいます（下図参照）。生きているフジツボがその貝殻の横で生きのびます。

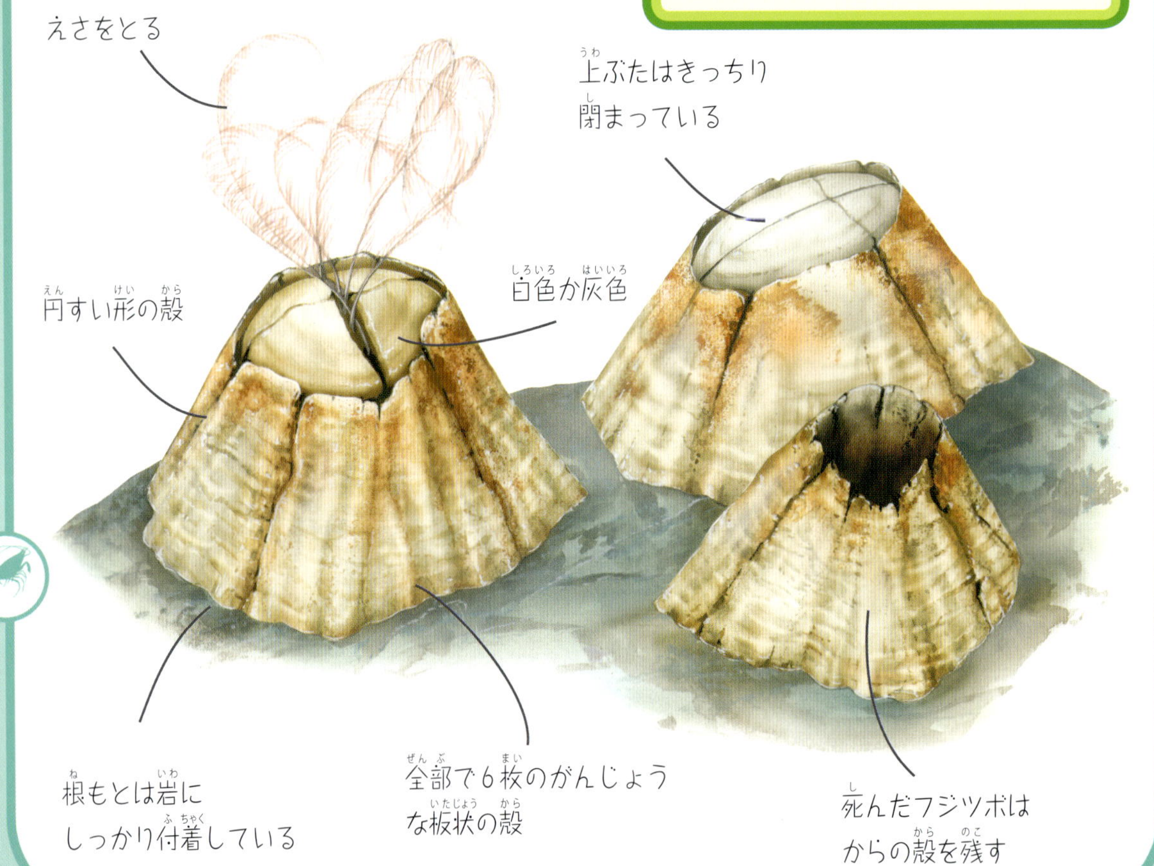

# ハマトビムシ

別名ヨコエビとしても知られるこの小さい生きものは、よく汀線ぞいにたくさん群れをなして集まっています。汀線は、満潮のときの海水がたっする海岸のいちばん高い位置で、そこには海藻や貝殻、小石が集まっています。ハマトビムシは日中のほとんどの時間、砂のなかにかくれていますが、日が落ちると姿を現して海藻のあいだをとびまわって食べ物をさがします。

大きさくらべ

## 海辺の生きもののデータ

**学名**　*Orchestia gammarellus*
**分類**　端脚類
**大きさ**　最大で全長18mm
**生息場所**　海岸すべて、とくに海藻がうち上げられているところ
**別名**　ヨコエビ

大型のハマトビムシは砂のなかにもぐり、30cmも地下へ掘りすすむことができます。

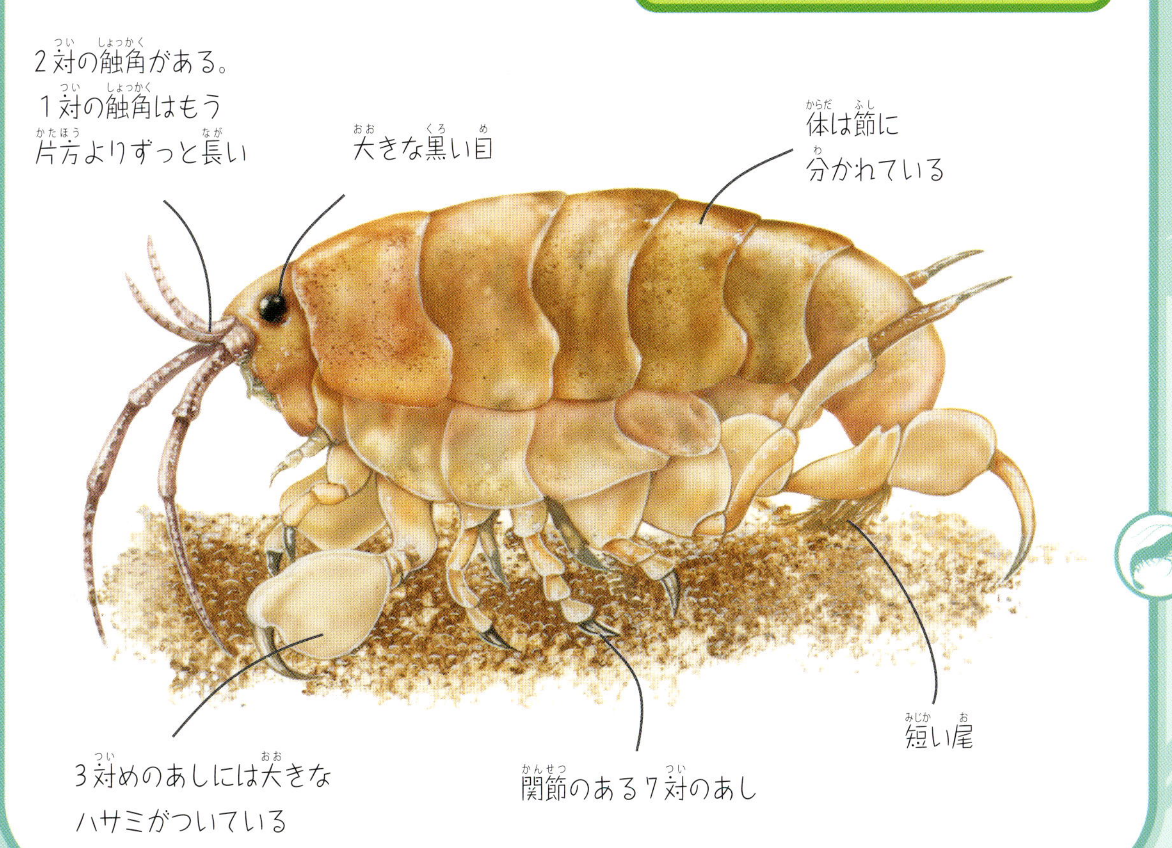

# ハマガニ

**カニは5対のあしをもっていますが、前面の1対は強力なハサミです。戦うときやえさをとるときに使います。ハマガニは軟体動物や虫、甲殻類をエサにします。そのほかには、死んで海岸にうち上げられた魚の残がいも食べます。夏になると、海辺や潮だまりで、おとなのカニばかりではなく子どものカニも見つかるでしょう。**

大きさくらべ

カニはしょっちゅうけんかをします。戦いでハサミの一方をなくし、片方のハサミしか残っていないものもいるかもしれません。

**海辺の生きもののデータ**

**学名** *Carcinus maenas*
**分類** 十脚甲殻類
**大きさ** 最大幅は10cm
**生息場所** すべての海岸、浅瀬、河口
**別名** ヨーロッパミドリガニ

# ヨーロッパエビジャコ

エビジャコを見つけるのはとてもむずかしいです。体がほぼすき通って見えるため、すっかりまわりにとけ込んでしまっているからです。こうした小さな甲殻類はほとんど一日中砂のなかにもぐっていて、日がくれると姿を見せてものを食べます。多くの海鳥はエビをえさにするので、くちばしで砂や泥のなかを探りながら浅瀬をわたります。

大きさくらべ

## 海辺の生きもののデータ

**学名** *Crangon crangon*
**分類** 十脚甲殻類
**大きさ** 体長 3～5cm
**生息場所** 浅瀬、潮だまり
**別名** 茶色エビ

エビジャコは海底を移動しながら、小さな虫、軟体動物、甲殻類をさがして食べます。

とても長く、ほっそりした触角

甲殻が成長して目と目のあいだに長い突起となってのびている

扁平な体は、体節で分かれている

まがった腹部

うす茶色の地に点々がある

おおぎ形の尾

# ビロードワタリガニ

ほとんどのカニは海岸や海底をせかせか歩き、岩の下にかくれたり、砂を掘り下げたりしています。ビロードワタリガニも、とても速く走ることができ、泳ぎもじょうずです。対になった1番後ろのあしはオールのように扁平で、泳ぐのに便利です。このカニは放っておかれるのがいちばん好きで、さわられると攻撃的になり、強力なハサミで、ほかの生きものをひどく傷つけます。

大きさくらべ

## 海辺の生きもののデータ

**学名** *Necora puber*
**分類** 十脚甲殻類
**大きさ** 丈、幅とも最大 8cm
**生息場所** 低水位の海岸、浅瀬、とくに岩と岩のあいだ
**別名** アクマガニ

ビロードワタリガニは草食でもあり、肉食でもあります。海藻やイソギンチャクのあいだにかくれて、えものをねらっています。

注意！さわらないこと

# ベニモンヒトリ

幼虫のときに、毒性のサワギクを食べるせいで、このガにはいやな匂いがついています。毒素がガの体内に入ってしまうのです。そしてこのだいたんな色は捕食動物たちに食べられないように警告をあたえる目印になっています。幼虫には黒と金色の太いしま模様が全身にあって、見分けるのはとてもかんたんです。夜間にもっとも活動しますが、昼間も花から花へと飛びまわってえさをとる姿が見られます。

大きさくらべ

このガの英語名「シナバー・モス」は、辰砂（シナバー）からとられました。色をつくる顔料によく使われる赤色の鉱物です。

**海辺の生きもののデータ**

学名　*Tyria jacobaeae*
分類　鱗翅類
開張（はねをできるだけ大きく広げたときの幅）　3.5~4cm
生息場所　砂丘、荒地、草地
別名　なし

# イカルスヒメシジミ

この美しく上品な青いチョウは５月から９月のあいだに見つかりやすいです。チョウたちは大きくて平たい花からみつをとり、その姿は海岸の、とくに砂丘周辺でよく見られます。幼虫の体は緑色で、わきには黄色のしま模様があり、背部の下方には黒っぽい線があります。この幼虫の表皮からはアリが好む物質が出るので、そのお返しにアリはこのチョウの幼虫を捕食者からまもります。

大きさくらべ

イカルスヒメシジミがもっとも活動的なのは太陽を浴びたときで、オスはとくにそうです。花とメスをもとめてとびまわるのです。

## 海辺の生きもののデータ

**学名**　*Polyommatus icarus*
**分類**　鱗翅類
**開張**（はねをできるだけ大きく広げたときの幅）　3～4cm
**生息場所**　砂丘、砂浜、崖、草原、庭園
**別名**　なし

# キマダラタカネジャノメ

大きなチョウなので、飛んでいるときにはすぐにわかります。けれども、いったん砂や泥、岩の上に降りてしまうと、ほとんどまわりと見分けがつかなくなります。日のあたる乾燥した場所を好み、成虫は6月から9月なかばまで活動します。幼虫は草を食べ、体の色は茶色またはクリーム色です。

大きさくらべ

キマダラタカネジャノメの幼虫は草の葉にかくれていて、えさを食べるのはほとんど夜間だけなので見つけにくいです。

**海辺の生きもののデータ**

**学名** *Hipparchia semele*
**分類** 鱗翅類
**開張**（はねをできるだけ大きく広げたときの幅） 最大6cm
**生息場所** 砂丘、海辺の小道、崖、生け垣
**別名** なし

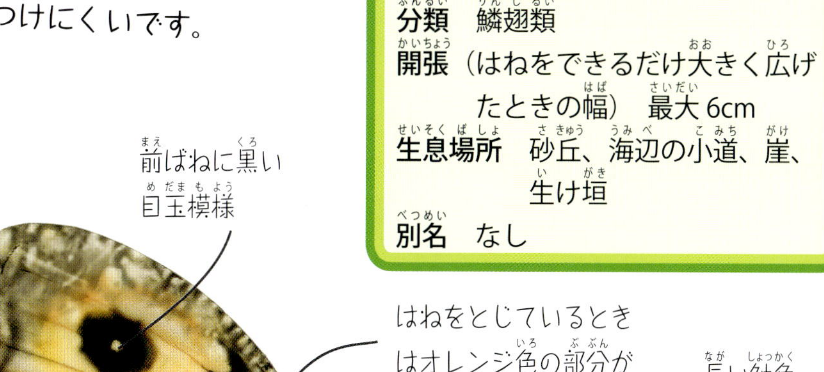


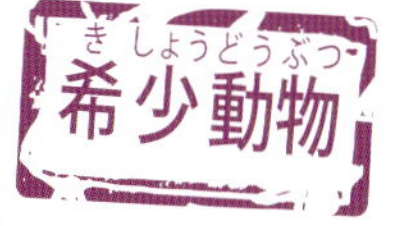

# ミドリニワハンミョウ

ブリテン諸島では、この色あざやかな甲虫がよく見られます。緑色の金属的なかがやきをしているので、日がよく照る夏の日などはとくに見つけやすいです。ミドリニワハンミョウはあしが長いので、すばやく追いかけてほかの昆虫を捕食します。飛ぶこともできて空中でブンブンと大きな音をたてます。

大きさくらべ

なにかにじゃまされると、少しのあいだ、音をたててあたりを飛びまわります。この昆虫は飛ぶのがおそろしく速いです。

## 海辺の生きもののデータ

**学名** *Cicindela campestris*
**分類** 甲虫類
**大きさ** 最大で体長 15mm
**生息場所** 砂丘、砂浜、崖
**別名** ミチオシエ
(普通種ミドリニワハンミョウ)

# サトジガバチ

**この細くて黒い体に赤い帯状の模様のある刺咬昆虫を見つけるのは、かんたんです。サトジガバチはミツバチやスズメバチと同じグループの昆虫です。この昆虫たちは針を使って毛虫を気絶させ、自分たちの巣へ引きずっていき、毛虫の体内に卵を産みつけます。卵がかえると、ハチの幼虫は生きた毛虫をえさにします。**

大きさくらべ

**海辺の生きもののデータ**

**学名**　*Ammophila sabulosa*
**分類**　膜翅類
**大きさ**　最大で全長 25mm
**生息場所**　砂丘、高水位の砂浜
**別名**　ジガバチ

この狩りバチたちはあごを使い、毛虫を動かないようにして針を刺します。小さな毒針は腹の先端にあります。

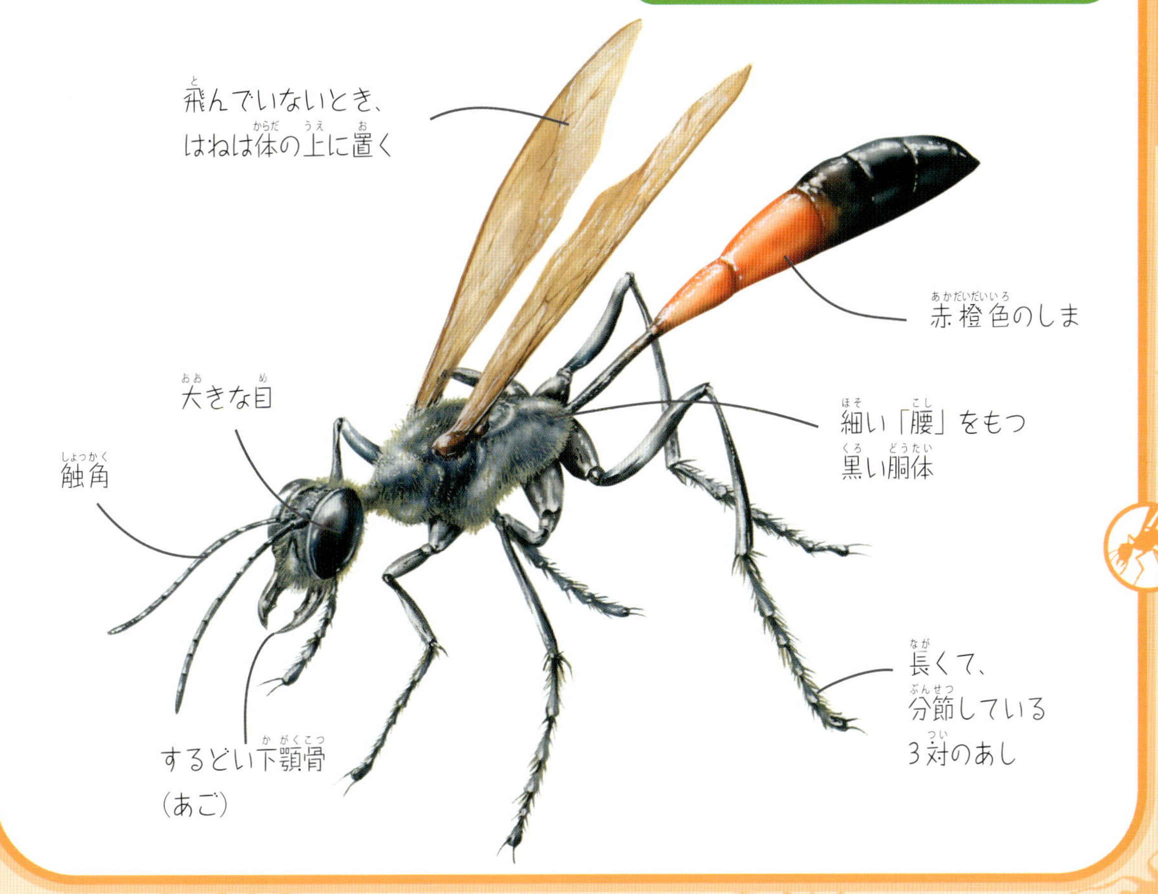

# ソリハシセイタカシギ

この美しい渉禽類の鳥は、イングランド東部の海辺の生息場所でとくによく見かけます。独特の黒と白の羽毛と長いあし、それにめずらしいほどの長いくちばしをもっています。このくちばしを使って泥のなかにいる昆虫、貝類、虫を探し出してえさにするのです。ソリハシセイタカシギは 19 世紀にブリテン島で絶滅しかけましたが、1940 年代にイングランドで再び姿を見せました。

大きさくらべ

## 海辺の生きもののデータ

**学名**　*Recurvirostra avosetta*
**分類**　渉禽類
**翼の開張**　66 ～ 77cm
**生息場所**　河口、海辺の潟湖
**別名**　なし

乾燥した区域に巣をつくりますが、幼鳥には干潟でえさをとらせます。

頭頂部と首の後ろが黒色

翼に白い斑点がある

翼に黒い帯状の模様が入っている

長い黒色のくちばしは、上方に曲線を描いている

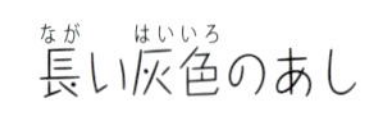


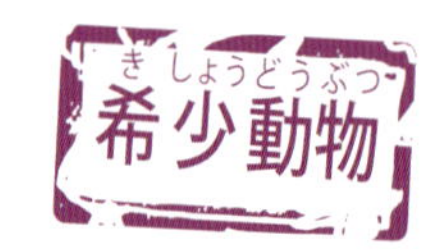

# 普通種アジサシ

**魚**を目がけて海に急降下するその優雅な姿のために、ウミツバメとよばれることがあります。優雅ないっぽうで攻撃的なこの鳥は、夏になるとブリテン島の各地で目撃されます。そうぞうしいなかまたちといっしょに巣をつくり、えさをもとめて沖に出ます。眼下に魚を見つけると、えものを目がけて勢いよく海水に飛び込みます。

大きさくらべ

両親とも卵の世話をしますが、ひなの面倒を見たりえさをあたえたりするのは、ほとんど父鳥です。

### 海辺の生きもののデータ

| | |
|---|---|
| 学名 | *Sterna hirundo* |
| 分類 | カモメ科アジサシ亜科 |
| 翼の開張 | 82～95cm |
| 生息場所 | 砂利浜、河口、崖、内陸の砂利採取所や貯水池 |
| 別名 | アジサシ |

翼の裏側は白っぽく、後部の端には黒いしま模様がある

翼の表面は灰色

黒い頭頂部

朱色のくちばしは先端が黒

ふたまたに分かれている長い尾

オレンジ色のあし

# カワウ

角ばった体と黒い羽毛をもつ、めずらしい外見の水鳥です。泳ぎの名手で、ブリテン島沿岸のいたるところに生息しています。魚をつかまえると、丸ごと飲み込む前にそれをゆらします。あしには大きい水かきがあり、泳ぐためと卵を孵すために使います。血管がたくさん通っているあたたかい水かきと、ぬくもりのある体のあいだに卵をはさむのです。

大きさくらべ

## 海辺の生きもののデータ

| | |
|---|---|
| 学名 | *Phalacrocorax carbo* |
| 分類 | 鵜科 |
| 翼の開張 | 130~160cm |
| 生息場所 | 磯、河口、内陸の湖や貯水池 |
| 別名 | 海のカラス |

カワウが自分の体を持ちあげて沖に出るのには、多くの筋肉の力とエネルギーが必要です。

# ダイシャクシギ

ダイシャクシギのなかには、１年を通じてブリテン島の沿岸部やその他の水辺に生息するものがいます。いっぽうで冬をここで過ごして、春になると北へわたっていくものもいます。この渉禽類の鳥は、美しい春の歌を歌うように鳴くことで知られていますが、不気味だとか幽霊が歌っているようだともいわれています。えさをとるとき、とくに干潟や河口には大群で集まります。

大きさくらべ

## 海辺の生きもののデータ

**学名** *Numenius arquata*
**分類** 渉禽類
**翼の開張** 80~100cm
**生息場所** 河口、内陸の草原や高地
**別名** ユーラシア産ダイシャクシギ

ダイシャクシギはヨーロッパでいちばん大きい渉禽類の鳥です。１月や２月には河口や海辺の周辺でよく目にします。

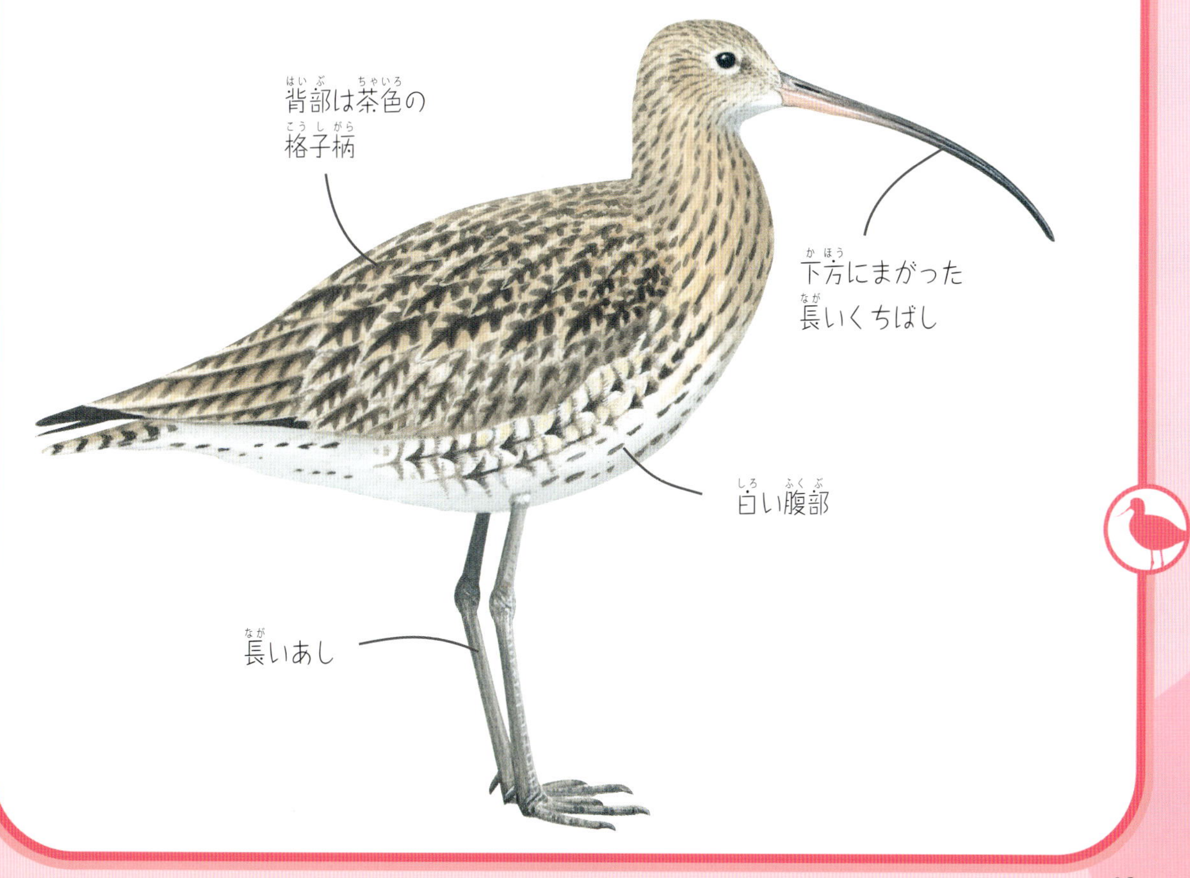

# セグロカモメ

この鳥は、海辺の町や海岸にくる行楽客によく知られています。人間をこわがらずにえさをもらおうと近寄ってくるのです。いっぽうで、人間にえさをねだらなくても、たとえば泥を強く踏みつけて地中の虫が表面に出てくるようにして食べ物をとらえています。ここ数年、ブリテン島のセグロカモメの数が急激に減っています。けれども、なぜこの鳥が沿岸地域で生き残るのがむずかしいのか、科学者たちにもはっきりした理由がつかめていません。

大きさくらべ

### 海辺の生きもののデータ

**学名** *Larus argentatus*
**分類** カモメ科
**翼の開張** 130~160cm
**生息場所** とくに北部や東部地方の崖、島、干潟、海岸
**別名** ヨーロッパセグロカモメ

くちばしはあざやかな黄色で、下のくちばしにははっきりした赤いしみがあります。セグロカモメたちは風に乗って上昇し、さらにすべるようにして空を飛びます。

# コオバシギ

**冬のあいだ、とくに東部地方の河口や入江に、コオバシギの大きな群れが集まります。春や夏は北極圏で過ごし、そこで繁殖しますが、そのときには羽毛の色はもっと濃くなります。ぬかるんだ浜辺や干潟で、軟体動物、甲殻類、蠕虫といった小さな動物をとって食べます。**

大きさくらべ

コオバシギはハマシギに似た、海辺にすむ鳥です。ハマシギはよりくちばしが長く、体の模様が黒っぽいです。

**海辺の生きもののデータ**

| | |
|---|---|
| **学名** | *Calidris canutus* |
| **分類** | 渉禽類 |
| **翼の開張** | 47~54cm |
| **生息場所** | 河口、ぬかるんだ浜辺 |
| **別名** | アカコオバシギ |

# カキトリ

不作法でさわがしい、あざやかな色のカキトリ（オイスターキャッチャー）を見分けるのはかんたんです。この鳥は１年を通じて海辺にすみ、たびたび大きな群れをなします。海辺や干潟にそって食べ物をさがそうと頭を下げて歩き回ります。カキトリは、その強力なくちばしを使ってザルガイやイガイのような甲殻類をこじ開けるのです。「カキトリ」の名前にもかかわらず、カキは食べていないようです。

大きさくらべ

カサガイ類は岩に強くはりつきますが、この鳥は力強いくちばしを使ってそれをはがします。

**海辺の生きもののデータ**

| | |
|---|---|
| 学名 | *Haematopus ostralegus* |
| 分類 | 渉禽類 |
| 翼の開張 | 80~85cm |
| 生息場所 | 砂浜、ぬかるんだ浜辺、岩石海岸 |
| 別名 | ミヤコドリ |

# アカアシシギ

この渉禽類の鳥はブリテン諸島のいたるところ、とくに水辺に近い場所で繁殖します。繁殖期が終わると、海岸や河口に移動します。えさにする軟体動物、蠕虫、甲殻類、昆虫をさがすために、浅瀬を歩いてわたります。大きな群れになって集まり、くいや防波堤に止まっていることが多く、攻撃を受けると大きな警戒の声をあげます。

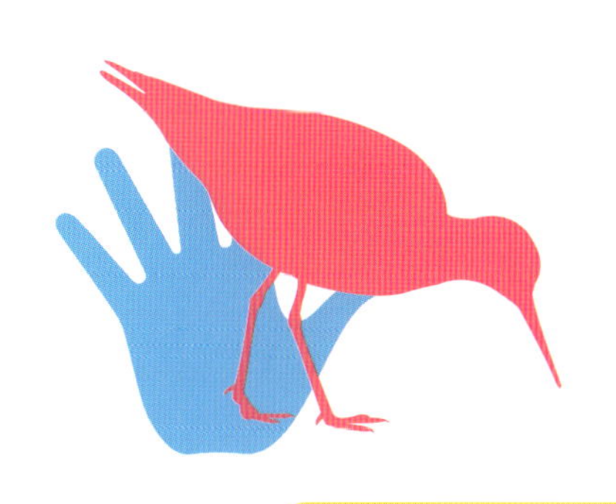

大きさくらべ

冬のイングランドの南西部には、越冬のためアイスランドからやってきたアカアシシギがたくさんいます。

**海辺の生きもののデータ**

**学名** *Tringa tetanus*
**分類** 渉禽類
**翼の開張** 45~50cm
**生息場所** 沼地、海岸にある干潟、河口、河川の高台になっている地域
**別名** アカガネシギ

# ハジロコチドリ

ずんぐりしたハジロコチドリは、小型の渉禽類の鳥です。大きな群れをつくって行動するのがふつうで、満潮のときはとくにその傾向があります。白い羽毛には、はっきりした黒い模様があります。このだいたんな模様のおかげで、ハジロコチドリは海岸の砂利や小石と見分けがつきにくくなります。

大きさくらべ

このふっくらした小鳥たちは1年じゅう海岸づたいに、昆虫、甲殻類、蠕虫をついばんでいます。

## 海辺の生きもののデータ

**学名** *Charadrius hiaticula*
**分類** 渉禽類
**翼の開張** 48~58cm
**生息場所** 砂浜、砂利海岸、内陸の砂利採取場
**別名** なし

# ツクシガモ

**ツクシガモのなかには内陸で暮らすものもいますが、ほとんどは海岸の生息場所で暮らしているので、年間を通じて見られます。この大きなカモの鳴き声は、一部のガチョウの声とよく似ています。浅瀬をわたるときは、くちばしですみからすみまで、はくようにして甲殻類などの動物をさがします。海藻も食べます。**

大きさくらべ

### 海辺の生きもののデータ

| | |
|---|---|
| 学名 | *Tadorna tadorna* |
| 分類 | 猟鳥 |
| 翼の開張 | 110~130cm |
| 生息場所 | 砂浜、ぬかるんだ海岸、河口 |
| 別名 | ハナガモ |

ツクシガモはたいてい地上に巣をつくります。成鳥は自分の子でなくとも幼鳥の面倒を見ることがあります。

# 用語解説

**柄**　海藻にとって茎のような構造をもつ、強くて柔軟な部分。

**河口**　河幅が広がり、海へとそそぎこむ場所。

**カムフラージュ**　敵の目をくらますために、体の色、模様、形をまわりの環境に溶け込ませること。

**棘皮動物**　ウニ、ヒトデなど「とげのある皮ふ」をもつ海の生物のおもなグループ。

**茎**　葉、果実を支える植物の細長い部分。水や栄養を運ぶ役目をします。

**甲殻類**　カニのようなかたい外殻と、節でできたてあしをもつ動物のなかま。

**甲虫類**　前ばねがかたい鞘ばねになっているカブト虫のなかま。

**甲皮**　甲殻類の体をまもるためのかたいおおい。

**十脚甲殻類**　あしが 10 脚ある甲殻類のおもなグループ。ロブスターなどがあります。

**刺胞動物**　クラゲなど、軟体動物のおもなグループ。

**渉禽類**　河川や湿地などの浅瀬でえさをとる、長いくちばしやあしをもつ鳥の総称。

**藻類**　海藻を含む、単純な、植物に似た生物のグループ。

**端脚類**　極小のエビのような形をした、小型の甲殻類の一種。

**蔓脚類**　甲殻類の一種で、フジツボのようにえさをとる蔓のようなあしをもっているものが多い。

**軟体動物**　背骨のないやわらかい体をした動物のなかま。かたい外殻をもつタイプもあります。

**二枚貝**　ちょうつがいでつなぎ合わされた 2 枚の貝をもつ軟体動物の一種。

**腹足類**　１つの筋肉質の「あし」を使って移動するナメクジやカタツムリなどの動物のなかま。

**付着器官**　海藻のような植物をしっかりと岩などの表面につなぎとめる器官。

**捕食者**　ほかの動物をとらえたり、食べたりする動物。

**ほふく茎**　地面の上や地下ぎりぎりのところを水平方向に成長する植物の茎や根。

**巻きひげ**　巻きついて、ものをおおってしまう植物の、細くて糸のような部分。

**膜翅類**　ハナバチ、カリバチ、アリなど、針をもっている昆虫のなかま。

**葉状体**　たとえば海藻のような、水生植物の幅広で平らな葉。

**葉柄**　そこから葉や花が成長する、茎や枝につながる細い柄の部分。

**鱗翅目**　チョウのようにひと組の大きなはねをもつ昆虫のなかまのこと。はねは、色や模様を形成する鱗粉におおわれています。

50 音順

●著者プロフィール
カミラ・ド・ラ・ベドワイエール
(Camilla de la Bedoyere)
ロンドン在住。ノンフィクションを中心に自然、科学、アートをテーマとした、児童書から大人向きの書籍まで、幅広い執筆活動を続けている。ロンドン動物学会の特別会員であり、動物保護の促進に努める一方、小学校や中学校にて、子どもたちの読み書き能力を向上させる特別教員でもある。『科学しかけえほんシリーズ　からだ探検』(大日本絵画、2015年)、『100の知識シリーズ　深海のなぞ』(文研出版、2011年)、図説知っておきたい！スポット50シリーズ『昆虫』『チョウとガ』『サメ』『野の花』『ねこ』『いぬ』(六耀社、2016年)『樹木』(六耀社、2017年)など。

訳出協力　Babel Corporation／望月むつみ
日本語版デザイン　(有)ニコリデザイン／小林健三

図説　知っておきたい！スポット50
**海辺の生きもの**

2017年4月25日初版第1刷

著　者　カミラ・ド・ラ・ベドワイエール
発行人　圖師尚幸
発行所　株式会社 六耀社
東京都江東区新木場 2-2-1　〒136-0082
Tel.03-5569-5491　Fax.03-5569-5824
印刷・製本　シナノ書籍印刷 株式会社


ISBN978-4-89737-880-0
NDC400 56p 27㎝
Printed in Japan